Martin Schulze

Entwicklungen in der Fahrzeugbeleuchtung und ihre Auswirkung auf die Fahrsicherheit

GRIN Verlag

Bibliografische Information der Deutschen Nationalbibliothek:

Die Deutsche Bibliothek verzeichnet diese Publikation in der Deutschen Nationalbibliografie; detaillierte bibliografische Daten sind im Internet über http://dnb.d-nb.de/ abrufbar.

Impressum:

Druck und Bindung: Books on Demand GmbH, Norderstedt Germany
ISBN: 978-3-656-43466-5

HELMUT SCHMIDT
UNIVERSITÄT
Universität der Bundeswehr Hamburg

Neueste Entwicklungen in der Fahrzeugbeleuchtung und ihre Auswirkung auf die Fahrsicherheit

Seminararbeit im ISA-Modul 00305: Aufbau und Produktion von Kraftfahrzeugen

Datum: 26.04.2013

Eingereicht von:
Martin Schulze

Inhaltsverzeichnis

Abbildungsverzeichnis

1. Einleitung

Die Erfindung des Kraftfahrzeuges stellt ohne Zweifel eine der wichtigsten Errungenschaften zu Beginn des letzten Jahrhunderts dar. Sie sichert den Drang des Menschen nach Mobilität und Bewegungsfreiheit bei gleichzeitig geringem Kraftaufwand im Vergleich zur Reise in einer Kutsche. Durch das Kraftfahrtzeug werden neben dem Nutzen im Privatsektor auch beispielsweise Zugtiere in allen anderen Lebensbereichen aufgrund der höheren Leistung abgelöst. Dennoch schwingen im Zuge dieser Entwicklung Probleme mit, die vorher nicht bekannt waren. Weit über einhundert Jahre nach seiner Entwicklung, ist es besonders im Bereich der Fahrsicherheit noch nicht vollkommen ausgereift. Immer wieder werden im Bereich der Fahrgastsicherheit und der Fahrassistenzsysteme neue Komponenten entwickelt und somit die Sicherheit der Fahrzeuginsassen und der Fahrkomfort verbessert. Allerdings zeigt die Unfallbilanz aus dem Jahr 2011, dass es noch erhebliche Defizite im Bereich der Lichttechnologie gibt. Es wird aufgezeigt, dass 72% aller außerhalb geschlossener Ortschaften geschehenen Unfälle mit tödlichem Ausgang für Fußgänger bei Dunkelheit geschehen.[1] Dies kann zum einen auf eine eventuelle Übermüdung der Fahrer zurückgeführt werden, ist jedoch aber auch durch Defizite in der Fahrzeugbeleuchtung bedingt.

Ziel dieser Arbeit soll es sein einen Überblick über die Entwicklung im Bereich der Fahrzeugbeleuchtung zu geben. Dabei wird zunächst auf die historische Entwicklung näher eingegangen, bevor gängige Scheinwerfer- und Beleuchtungstypen vorgestellt und erklärt werden. Anschließend wird der Blick auf verschiedene Lichtassistenzsysteme gerichtet, die eine optimalere Ausleuchtung der Straße ermöglichen sollen. Dabei soll untersucht werden, welche Vorteile mit der Einführung dieser Systeme einhergehen und ob dadurch tatsächlich eine Erhöhung der Sicherheit gewährleistet werden kann. Weiterhin wird der Unterschied zwischen den verschiedenen Lampentypen herausgearbeitet und kritisch bewertet.

Als Grundlage für die Ausarbeitung dieses Themas werden vorrangig Informationen genutzt, die die Firma HELLA KGaA Heck & Co[2] zur Verfügung stellt. Bei der Firma HELLA handelt es sich um den europäischen Marktführer im Bereich Beleuchtungstechnologie für Kraftfahrzeuge aller Art und somit den Vorreiter für die Entwicklung neuer Systeme. Dabei greift das Unterne
hmen nicht nur auf modernste Technologie zurück, sondern kann aus der über einhundertjährigen Geschichte ein hohes Maß an Erfahrung einfließen lassen.

[1] Vgl. BRIETER 2013, S. 41.
[2] Im weiteren Verlauf kurz: HELLA

2. Historische Entwicklung in der Fahrzeugbeleuchtung

Die historische Entwicklung der Fahrzeugbeleuchtung verläuft nahezu parallel zur Entwicklung des Automobils. In diesem Kapitel soll diese kurz dargestellt werden, um so die technischen Errungenschaften herauszustellen und gleichzeitig die Grundlage für den heutigen Stand der Technik zu verdeutlichen.

Fahrzeugbeleuchtung war bereits von Beginn an ein wichtiges Thema im Automobilbau. Dennoch war es trotz aller technischen Errungenschaften nicht möglich die frühen Kraftfahrzeugmodelle mit einer entsprechenden Lichtquelle auszustatten. Dadurch wurde das Fahren bei Dunkelheit quasi unmöglich. Um 1905 wurde die Nachtfahrt durch die Mitführung eines Karbid-Gaserzeugers ermöglicht, der eine erste Scheinwerferkonstruktion darstellte. Das verbrennende Acethylengas erzeugte allerdings eine sehr grelle Flamme, was von einigen Personen zu grell empfunden wurde.[3] Allerdings kann vom Beginn der Evolution der Fahrzeugbeleuchtung erst im Jahr 1913 gesprochen werden. Die Firma BOSCH stellte in diesem Jahr das erste vollständige Lichtsystem vor. Dieses bestand neben den Scheinwerfern auch aus einem Regelschalter und einer Lichtmaschine, wie sie auch heute noch unersetzlich ist.[4] Mit dieser Erfindung gelang es die Technologie des elektrischen Lichtes transportabel zu machen und für den Automobilbau zu nutzen. Allerdings sorgten die Kriegswirren in Europa in den Folgejahren für eine eher gebremste Entwicklung, da der wirtschaftliche Schwerpunkt anderweitig gesehen wurde. Erst mit Ende des ersten Weltkrieges setzte sich die elektrische Beleuchtung weiter durch und profitierte dabei auch von dem 1915 entwickelten Abblendlicht.[5]

Im Jahr 1924 kam dann die Bilux-Glühlampe auf den Markt und im gleichen Jahr wurde von der Firma Hella ein Scheinwerfer vorgestellt, der Abblendlicht und Fernlicht projizieren konnte.[6] Eine weitere Errungenschaft in der Evolution der Fahrzeugbeleuchtung, war die Konzeption des asymmetrischen Abblendlichtes. Dadurch wurde gewährleistet, dass der eigene Fahrbahnrand besser ausgeleuchtet wird, ohne dabei den Gegenverkehr zu blenden. Diese Form der Lichtverteilung ist auch heute Standard bei allen Kraftfahrzeugen.[7] Wichtig für den Erfolg dieser Technologie war das damals leistungsstarke Halogenlicht, welches durch die Einführung der Halogen-H4-Lampe 1971 weiter verbessert wurde.[8]

In der Folgezeit wurde vor allem die Technik rund um die Scheinwerfer ständig verbessert. Es folgten elektromotorische Leuchtweitenregelung und neue Scheinwerferformen, wie die Polyellipsoiden oder die DE-Scheinwerfer, auf die beide im weiteren Verlauf noch

---

[3] Vgl. BRAESS / SEIFFERT 2000, S. 528.
[4] Vgl. BRIETER 2013, S. 40.
[5] Vgl. BRAESS / SEIFFERT 2000, S. 528.
[6] Vgl. BRAESS / SEIFFERT 2000, S. 529.
[7] Vgl. BRIETER 2013, S. 40.
[8] Vgl. HELLA 2013a [online].

eingegangen wird. Einen massiven Sprung in der Entwicklung gab es dann erst 1991/92 wieder, als die erste Generation der Xenon-Scheinwerfer in die Serienproduktion ging und damit die Grundlage Bi-Xenon-Scheinwerfer im Jahr 1998/99 legte.[9] Im weiteren Verlauf ging die Entwicklung durch immer kleiner werdende Komponenten und neue technische Errungenschaften, wie kleinere und zugleich leistungsfähigere Computer, rasant voran. Bereits 2006 wurden neue Maßstäbe im Bereich der Lichtprojektion durch die Entwicklung des VarioX-Moduls geschaffen und kurz darauf folgten die ersten Voll-LED-Scheinwerfer im Kraftfahrzeugsektor. Seit vergangenem Jahr lässt sich diese Technologie auch im Bereich der Lastkraftwagen verwenden und ermöglicht eine ganzheitliche Ausstattung aller Fahrzeugtypen mit LED-basierten Scheinwerfern.[10]

Die Entwicklung zeigt, dass es gerade in den letzten 20 Jahren eine Vielzahl an Neuerungen gegeben hat, die nicht nur Aspekte des Designs erfüllen, sondern gleichzeitig das Ziel verfolgen die Lichtqualität zu verbessern und somit mehr Sicherheit zu generieren.

3. Aktuelle Fahrzeugbeleuchtungstechnologie

Im nun folgenden Hauptkapitel soll ein Überblick über die verschiedenen Scheinwerfertechnologien bei Kraftfahrzeugen gegeben werden mit besonderer Betrachtung der unterschiedlichen Lichtquellen. Dazu werden die einzelnen Systeme genauer vorgestellt, in ihrer Funktionsweise erläutert und anschließend kritisch miteinander verglichen. Gleichzeitig sollen die unterschiedlichen Scheinwerferarten in ihren gängigen Bauweisen Erwähnung finden.

3.1 Halogenlampen – Das bewährte System

Zunächst soll der Blick auf das bewährte System der Halogenlampen fallen, die zur Gruppe der Festkörperlampen gezählt werden. Wie bereits beschrieben, dominiert in diesem Bereich seit 1971 die Halogen-H4-Lampe. Sie bildet dabei das letzte Glied einer vierstufigen Einteilung der Lampenarten. H1-Lampen können jeweils für Abblendlicht, Nebellicht oder Fernlicht genutzt werden. Die H2-Lampen wurden vorrangig für Zusatzscheinwerfer verwendet, was in Zukunft jedoch obsolet ist. Vorzugsweise für Nebelscheinwerfer wurde die

---

[9] Vgl. Brieter 2013, S. 41.
[10] Vgl. Hella 2013a [online].

H3-Lampe eingesetzt, wohingegen die H4-Technologie sich dadurch auszeichnet, dass sie Abblend- und Fernlicht aus einem Reflektor produzieren kann.[11]

Die Halogenlampe unterliegt einem eher simplen Aufbau, ist dennoch in ihrer Wirkungsweise sehr effektiv. Grundlegend ist sie in zwei Bereiche eingeteilt, wie aus Abbildung 1 entnommen werden kann. Der untere Teil wird als Sockel bezeichnet. Dazu zählen die Anschlussfahnen und eine Gewindevorrichtung (nicht explizit dargestellt), mit der die Lampe in der Fassung verschraubt wird. Die Anschlussfahnen dienen dabei zur Aufnahme und Übertragung der elektrischen Energie.[12]

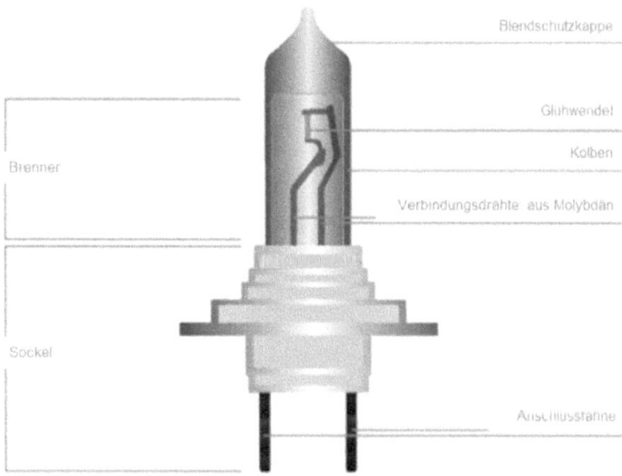

Abbildung 1 – Aufbau einer Halogenlampe

Quelle: LOREK 2011 [online].

Der obere Teil der Lampe besteht aus mehreren Komponenten und wird Kolben genannt. Dieser besteht aufgrund der hohen Temperaturen im Brenner meist aus Hartglas oder Quarzglas.[13] Im inneren des Brenners befinden sich Verbindungsdrähte als Molybdän, und ein Gasgemisch aus verschiedenen Halogenen, wie Brom oder Jod.[14] Das Licht entsteht durch den Wolfram-Glühwendel, der durch das Anlegen eines elektrischen Stroms zum Glühen gebracht wird und sich zwischen den beiden Enden der Molybdändrähte befindet. Dabei werden sehr hohe Temperaturen freigesetzt, die zum einen das Material des Kolbens beeinflussen, aber auch voraussetzen, dass die Verbindungsdrähte, die direkten Kontakt zum glühenden Wendel haben, sehr hitzeresistent sind. Daher wird hier auf Molybdän

[11] Vgl. BRAESS / SEIFFERT 2000, S. 533.
[12] Vgl. LOREK 2011 [online].
[13] Vgl. HENTSCHEL 2002, S. 145.
[14] Vgl. NIENHAUS / THAELE 1998, S. 94.

zurückgegriffen, weil es mit 2610°C[15] einen sehr hohen Schmelzpunkt hat und somit der Hitzeentwicklung im Bereich des Brenners standhält, die in direkter Wendelnähe 1400°C erreichen kann.[16]

Wird nun ein Strom angelegt, beginnt der Wendel aus Wolfram zu glühen und gibt dabei Wolframdampf frei. Auf lange Sicht, würde er nun verdampfen und die Lampe wäre defekt. Durch den Einsatz des Gasgemisches wird jedoch ein sogenannter Kreisprozess initiiert. Dieser verhindert eine Schwärzung des Kolbens durch Ablagerungen und verlängert gleichzeitig die Lebensdauer des Glühwendels.[17] Sobald der Wendel zu glühen beginnt, werden Wolframatome freigesetzt, die mit den Bestandteilen des Gasgemisches im Inneren des Brenners ein Halogenid bilden. Dieses ist gasförmig und bewegt sich im Brennraum. Sobald es abkühlt, zerfällt es wieder und die Wolframatome setzen sich an Stellen des Glühwendels ab, die kälter als 1400°C sind. Dieser Prozess verhindert, dass der Wendel innerhalb kurzer Zeit komplett verdampft. Sobald er mit dem Glühen anfängt, wird ein sehr weißes Licht freigesetzt, welches durch die hohen Temperaturen entsteht und somit die Lichtausbeute deutlich gegenüber herkömmlichen Lampen ohne Halogengasgemisch deutlich steigert.[18] Gleichzeitig wird eine sehr hohe Lichtausbeute bei relativ kleinen Abmessungen erzielt, was besonders im Fahrzeugbau von Nutzen ist. Damit das erzeugte Licht auch die entsprechend gewünschte Wirkung erzielt und den Gegenverkehr nicht unkontrolliert blenden kann, befindet sich an der oberen Spitze des Kolbens die Blendschutzkappe. Mit ihr wird gewährleistet, dass die Lichtstrahlen ausschließlich auf den Reflektor treffen und durch diesen auf die Straße reflektiert werden. Auf die Funktionsweise der Reflektoren wird im Punkt *3.3 Scheinwerferarten* genauer eingegangen.

Die Halogenlampe hat eine lange Entwicklung hinter sich und wird neben dem Fahrzeugbau auch im privaten Bereich intensiv genutzt. Wie jedoch bereits beschrieben, gab es zu Beginn der 1990er Jahre eine lichttechnische Revolution durch die Einführung des Xenonlichtes, welches eine weitere Verbesserung der Halogentechnik für die Fahrzeugbeleuchtung erst einmal ausbremste. Dennoch ist sie auch heute noch ein wesentliches und vor allem kostengünstiger Bestandteil der Beleuchtungsanlagen vieler Automobile.

3.2 Xenonlampen – Der aktuell höhere Standard

Als nächstes werden hier die Xenonlampen genauer vorgestellt. Sie stellen eine in den 90er Jahren eingeführte neue Form der Lichtquelle dar und sorgen für ein besseres Lichtergebnis

[15] Vgl. LENNTECH 2012 [online].
[16] Vgl. NIENHAUS / THAELE 1998, S. 94.
[17] Vgl. HENTSCHEL 2002, S. 145.
[18] Vgl. NIENHAUS / THAELE 1998, S. 94.

gegenüber der Halogenlampe. Der Begriff Xenonlampe ist dabei jedoch fachlich gesehen falsch, da das Xenon nur ein Bestandteil im Aufbau der Lampen ist. Der korrekte Begriff *Gasentladungslampe* ist jedoch im allgemeinen Sprachgebrauch kaum bekannt.[19]

Abbildung 2 – Xenon-Gasentladungslampe

Quelle: LOREK 2011 [online].

In Abbildung 2 ist eine Xenon-Gasentladungslampe zu sehen, wie sie beispielsweise in der Automobilindustrie Verwendung findet. Hierbei handelt es sich aufgrund des kurzen Lichtbogens zwischen den beiden Elektroden um eine sogenannte Kurzbogenlampe, wie sie auch bei Mikroskopen, Mikrobildprojektoren oder Signalfeuern genutzt werden.[20] Wie in Abbildung 3 zu sehen, ist der Aufbau ähnlich dem der Halogenlampe. Grundlegend wird in eine Art Bronner, also den oberen Teil der Lampe in dem das Licht entsteht, und einen Sockel unterteilt, wobei auch hier der Sockel lediglich zur Verankerung im Gehäuse und zum Anschluss an die Stromquelle dient. Der obere Teil beinhaltet eine Art dünnes Glasrohr mit einer rundlichen und zu Enden abgetrennten Auswölbung in der Mitte. In diesem Entladungsraum befindet sich ein Gemisch aus Xenon und verschiedenen Metallhalogenen, sowie zwei Elektroden.[21] Im Gegensatz zu Halogenlampen, benötigen Xenon-Gasentladungslampen eine sogenannte Ansteuerungselektronik, um den Betrieb im bordinternen Stromnetz eines Kraftfahrzeuges zu gewährleisten. Diese Elektronik besteht aus einem Vorschaltgerät und einem Zündgerät. Das Vorschaltgerät liefert dabei die erforderliche Zündspannung von 18000 bis 28000 Volt, welche dann durch das Zündgerät bei Einschalten des Lichtes an die Lampe weitergeben wird, und wandelt den Strom in den für die Lampe erforderlichen Gleichstrom um.[22]

---

[19] Vgl. BRAESS / SEIFFERT 2000, S. 534.
[20] Vgl. HENTSCHEL 2002, S. 162.
[21] Vgl. MÜLLER 2004, S. 147.
[22] Vgl. BRAESS / SEIFFERT 2000, S. 534f.

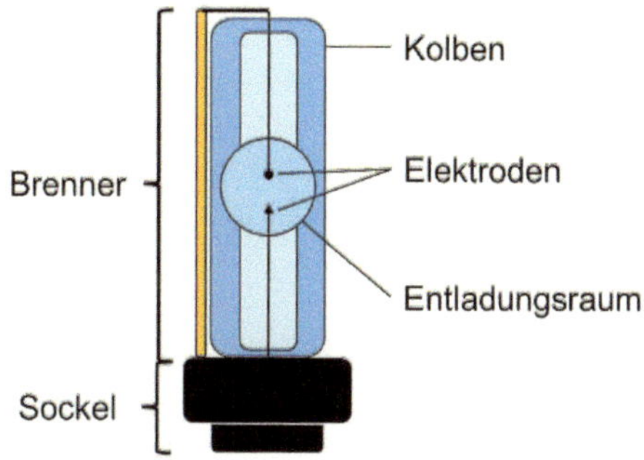

Abbildung 3 – Schema einer Gasentladungslampe

Quelle: Eigene Darstellung

Beim Einschalten des Lichts und Zündung der Lampe, bildet sich im Gasgemisch zwischen beiden Elektroden ein ionisierter Gasschlauch. Durch diesen fließt der Gleichstrom und regt dadurch das umliegende Gas zum Leuchten an.[23] Der dabei entstehende Lichtbogen ist üblicherweise nur zwischen 2mm und 8mm groß.[24] Nach erfolgreicher Zündung der Lampe kann der konstante Betrieb mit nur 35W Leistungsaufnahme aufrechterhalten werden und ist damit deutlich effizienter als eine 60W Halogenlampe. Allerdings ist die volle Lichtausbeute bei einer Kaltzündung erst nach drei bis fünf Sekunden erreicht, was auf den komplizierten Startvorgang zurückzuführen ist.[25] Dagegen kann selbst nach einer Stromunterbrechung die Zündung im warmen Betriebszustand sofort erneut erfolgen. Bei Zündung der Lampe ändern sich dabei die Druckverhältnisse im Entladungsraum. Der Innendruck beträgt im Ruhezustand in etwa 6 Bar und kann sich jedoch bei Inbetriebnahme verfünffachen. Daher wird auch hier, ähnlich wie bei den Halogenlampen, im Schwerpunkt Hart- oder Quarzglas verbaut.[26] Obwohl die Belastungen für die Lampe sehr hoch sind, besitzen Xenon-Gasentladungslampen eine sehr hohe Lebensdauer, die normalerweise weiter über der des Kraftfahrzeugs liegt, in dem sie verbaut sind.[27]

Seit die erste Generation der Xenon-Lampen zu Beginn der 1990er Jahre auf den Markt kam, wurden sie stetig weiterentwickelt und ihre hohe Leuchtleistung wird als entscheidender Sicherheitszuwachs für den Straßenverkehr gesehen.[28] Um dies zu gewährleisten, unterliegen Xenon-Lampen speziellen Zusatzauflagen. Sie dürfen nur in Verbindung mit

[23] Vgl. WIESINGER 2013a [online].
[24] Vgl. MÜLLER 2004, S. 147.
[25] Vgl. BRAESS / SEIFFERT 2000, S. 535.
[26] Vgl. MÜLLER 2004, S. 147.
[27] Vgl. BRAESS / SEIFFER 2000, S. 535.
[28] Vgl. BRAESS / SEIFFERT 2000, S. 535.

einer Scheinwerferreinigungsanlage, die mit Hochdruck für die Sauberkeit des Scheinwerferglases sorgt und somit die Gefahr eine Blendung minimiert, und der dynamischen Leuchtweiteregelung (kurz: DLW) eingesetzt werden, auf die im nächsten Kapitel noch genauer eingegangen wird.[29] Zunächst war es jedoch nur möglich, dass Xenon-Licht als Abblendlicht einzusetzen, wodurch für das Fernlicht eine zusätzliche Halogenlampe von Nöten war. Neuere Scheinwerfertechnologie machte es jedoch möglich, dieses Problem zu lösen. So sollen auch im Zuge der Weiterentwicklung die Qualität und die Bauform stetig optimiert werden, um so auf lange Sicht eine Vollausstattung aller Fahrzeugtypen mit Xenon-Licht zu gewährleisten.[30]

3.3 Scheinwerferarten in Kraftfahrzeugen

In diesem Abschnitt soll einmal ein Blick auf die verschiedenen Scheinwerferarten geworfen werden, durch die das Licht der Lampen auf die Straße gebracht wird. Grundlegend wird dabei in Zwei- und Vierscheinwerfer-Systeme unterschieden. Bei Zweischeinwerfer-Systemen wird mit Hilfe eines Scheinwerfers und einer Lampe pro Seite sowohl Abblend-, als auch Fernlicht erzeugt. Im Vierscheinwerfer-System ist für jede Licht-Art ein eigener Scheinwerfer mit entsprechender Lichtquelle notwendig.[31] Weiterhin sind die einzelnen Scheinwerferarten in Reflexionssysteme und die Projektionssysteme zu unterscheiden, welche im folgenden Abschnitt genauer dargelegt werden.

Bei den Reflexionssystemen wird, wie aus dem Namen bereits hervorgeht, das von der Lichtquelle ausgestrahlte Licht durch speziell geformte Reflektoren reflektiert und somit gerichtet auf die Straße gebracht wird. Dabei ist ausschließlich das reflektierte Licht für die Fahrbahnausleuchtung nutzbar.[32] Deswegen ist im Aufbau der Halogenlampe eine Blendschutzkappe zu finden, die eine Blendung des Gegenverkehrs ausschließen soll. In Abbildung 4 ist ein klassischer Parabolscheinwerfer zu sehen. Bei diesem Scheinwerfer handelt es sich um das einst gebräuchlichste Scheinwerfer-System im Automobilbau. Die Reflektorfläche (1) bildet dabei die Oberfläche eines Paraboloiden, also einer Parabel, die um eine ihrer Achsen gedreht wurde.[33]

---

[29] Vgl. HELLA 2003a, S. 3.
[30] Vgl. HELLA 2003b, S. 5.
[31] Vgl. BRAESS / SEIFFERT 2000, S. 529.
[32] Vgl. BRAESS / SEIFFERT 2000, S. 529.
[33] Vgl. WIESINGER 2013b [online].

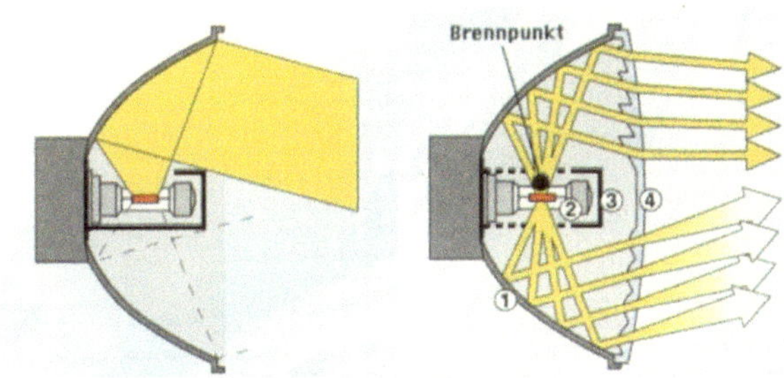

Abbildung 4 – Parabolscheinwerfer

Quelle: WIESINGER 2013b [online].

Die Lichtquelle (2) erzeugt ein konvergierendes Lichtbündel, wobei der obere geneigte Teil des Lichtbündels das Abblendlicht ergibt.[34] Die eigentliche Lichtverteilung auf die Straße übernimmt bei dieser Scheinwerferform die Streuscheibe (4), welche mit Prismen und zylindrischen Optiken die Lichtablenkung erzeugt.[35] Da Reflexionssysteme auch mit Xenon-Lampen betrieben werden können, die keine eigene Blendschutzkappe haben, ist über der Lichtquelle (2) eine zusätzliche Strahlenblende (3) verbaut, um so die Blendung des Gegenverkehrs auszuschließen.

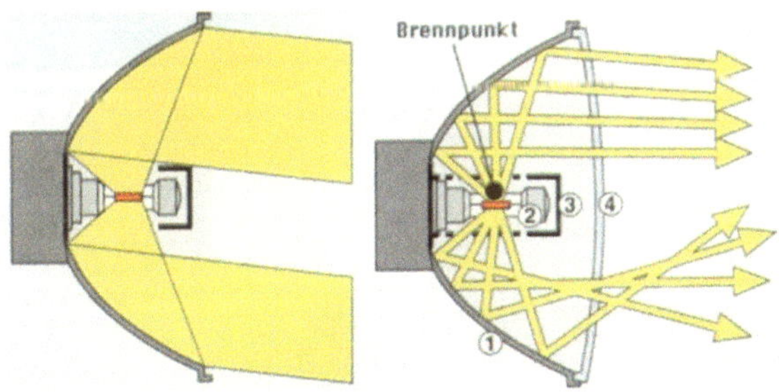

Abbildung 5 – Frei-Flächen-Scheinwerfer

Quelle: WIESINGER 2013c [online].

Der Parabolscheinwerfer ist eine der ersten Scheinwerferarten. Mittlerweile wird er immer mehr durch sogenannte Frei-Flächen-Scheinwerfer, kurz FF-Scheinwerfer, verdrängt, wie er in Abbildung 5 zu sehen ist. Dabei handelt es sich ebenfalls um ein Reflexionssystem, allerdings wird hier die Reflektorfläche durch einen Computer berechnet und anschließend frei in den Raum geformt. Die Form ist somit nicht an einer Parabel festzumachen, sondern

34 Vgl. BRAESS / SEIFFERT 2000, S. 530.
35 Vgl. HELLA 2003a, S. 6.

besteht aus mehreren *freien Flächen*, und besitzt somit keine Regelgeometrie.[36] Dabei können diese Segmente unterschiedlich zur Ausleuchtung der Straße beitragen.[37] Durch die Berechnung der Flächen mit sogenannten CAL-Systemen (CAL = Computer Aided Lightning) und durch den Einsatz hochwertiger Lampen, kann eine nahezu vollständige Ausnutzung der Reflektorfläche erzielt werden, was einen Gewinn um knapp 80% gegenüber der Paraboloid-Technik bedeutet.[38] Gleichzeitig wird die Streuung bereits durch die verschiedenen Reflektorsegmente erzeugt, was den Einbau einer Streuscheibe obsolet macht und die Verwendung von klaren Abschlussscheiben (4) ermöglicht. Somit sorgen die FF-Scheinwerfer nicht nur für eine bessere Lichtverteilung, sondern erfüllen gleichzeitig neue Designoptionen, die beim Automobilbau stets eine große Rolle spielen. Weiterhin kann durch den Einsatz von Lampen mit zwei Glühwendeln Abblendlicht und Fernlicht aus einem Reflektionsscheinwerfer gewährleistet werden.

Im Zuge der Weiterentwicklung der verschiedenen Lichtquellen wurden auch die Scheinwerfertechnologien verbessert. Ziel dabei ist stets eine Verbesserung der Leistung bei gleichzeitig kleinerer Bauweise. Das konnte mit der Einführung der Ellipsoid-Scheinwerfer gewährleistet werden. Die Modelle der Firma HELLA werden dabei als DE-Scheinwerfer (dreiachsiger Ellipsoid) bezeichnet, wohingegen Bosch von PES-Scheinwerfern (Polyellipsoid Systemen) spricht.[39] Der Aufbau ist jedoch grundlegend gleich, wie am Beispiel in Abbildung 6 zu sehen.

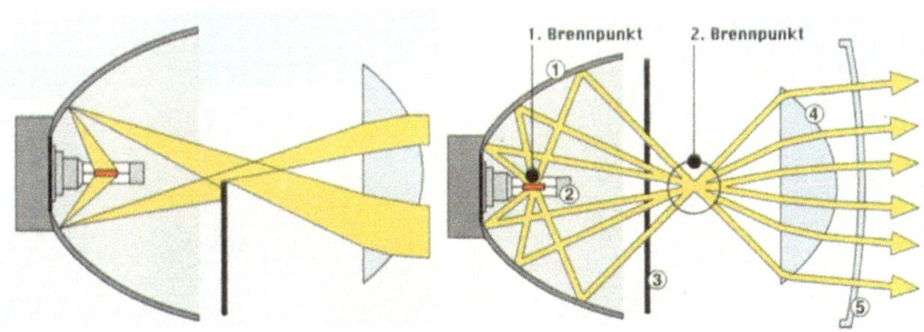

Abbildung 6 – Ellipsoid-Scheinwerfer

Quelle: WIESINGER 2013d [online].

Die Ellipsoid-Scheinwerfer gehören zur Gruppe der Projektionssysteme und unterscheiden sich damit grundlegend von den Reflektionsystemen durch den Einsatz einer asphärischen Projektionslinse (4) im Inneren des Scheinwerfers. Diese projiziert das vom Reflektor (1)

[36] Vgl. HELLA 2003a, S. 6.
[37] Vgl. WIESINGER 2013c [online].
[38] Vgl. BRAESS / SEIFFERT 2000, S. 530.
[39] Vgl. BRAESS / SEIFFERT 2000, S. 530.

reflektierte Licht der Lichtquelle (2) durch die Abschlussscheibe (5) auf die Straße.[40] Dabei sind bei dieser Konstruktion zwei verschiedene Brennpunkte der Lichtstrahlen zu finden. Durch die Form des Reflektors wird ein Großteil der Strahlen aus dem ersten Brennpunkt, welcher sich bei der Lichtquelle direkt befindet, im zweiten Brennpunkt gebündelt, bevor sie auf die Linse treffen. Durch eine Blende (3), die in der Nähe des zweiten Brennpunktes angebracht ist, kann die Hell-Dunkel-Grenze der Lichtverteilung angepasst werden. Dabei ist die Kontur der Blende entscheidend, da diese durch die Linse auf der Fahrbahnoberfläche abgebildet wird und die Lichtverteilung vorgibt.[41] Dies ermöglicht einen Wechsel von Abblendlicht zu Fernlicht, ohne eine zweite Lampe oder einen zusätzlichen Glühwendel.[42] Somit bleiben das Lichtniveau und die Lichtfarbe stets gleich und es ermöglicht, dass Scheinwerfer mit Xenon-Lampen für Abblendlicht und Fernlicht genutzt werden können. Wie beschrieben braucht eine Xenon-Lampe bis zu fünf Sekunden um die volle Lichtintensität aufzubauen. Durch den Einsatz der Blende kann daher auch beispielsweise die Lichthupe für Scheinwerfer mit Xenon-Lampen ermöglicht werden, ohne eine zusätzliche Lichtquelle zu verbauen. Solche Systeme werden als Bi-Xenon-Scheinwerfer bezeichnet.[43]

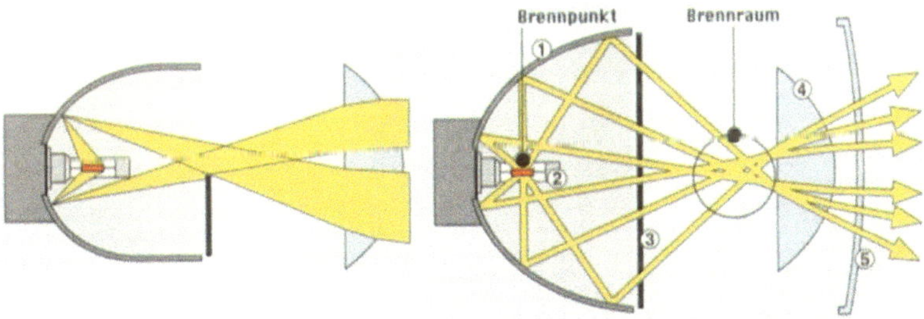

Abbildung 7 – Super DE Scheinwerfer

Quelle: WIESINGER 2013e [online].

Eine Weiterentwicklung der Ellipsoid-Scheinwerfer sind die sogenannten Super-De-Scheinwerfer, die eine Mischung aus Ellipsoid- und FF-Scheinwerfern darstellen. Wie bereits in Abbildung 7 deutlich wird, zeichnet sich diese Art durch eine noch kompaktere Bauweise aus. Die Reflektorfläche ist wie bei den FF-Scheinwerfern segmentartig geformt und erhöht somit die Lichtausbeute gegenüber den Ellipsoid-Scheinwerfern um bis zu 52%.[44] Die Projektionssysteme sorgen somit insgesamt für eine bessere Lichtverteilung auf der Straße

[40] Vgl. WIESINGER 2013d [online].
[41] Vgl. HELLA 2003a, S. 6.
[42] Vgl. BRAESS / SEIFFERT 2000, S. 530.
[43] Vgl. BRAESS / SEIFFERT 2000, S. 535.
[44] Vgl. WIESINGER 2013e [online].

und können somit einen entscheidenden Beitrag zur Sicherheit im Straßenverkehr leisten. Neuste Scheinwerferentwicklungen setzen dabei fast ausschließlich auf eine Verbesserung in dieser Scheinwerferklasse. So macht es beispielsweise die mechanisch bewegliche Linse möglich, dem Licht beispielsweise in Kurvenfahrten eine Dynamik zu geben. Entsprechende Systeme werden im Punkt *4. Lichtassistenzsysteme* genauer vorgestellt.
Die bewegliche Linse ist jedoch auf für die Einhaltung gesetzlicher Normen entscheidend, da sie die vorgeschriebene Leuchtweiteregelung für Xenon-Scheinwerfer ermöglicht. Diese Einstellung kann entweder über einen Schalter am Amaturenbrett übernommen werden, oder erfolgt automatisch angepasst an den jeweiligen Neigungswinkel des Kraftfahrzeugs. Die Firma HELLA setzt dabei auf das Zusammenspiel verschiedener technischer Einzelteile und unterscheidet grundlegend zwei verschiedene Formen: Die automatisch-statische und die dynamische Leuchtweiteregelung.[45] Das statische System erkennt und korrigiert Neigungsveränderungen des Fahrzeugs, die beispielsweise aufgrund von Beladungsveränderungen auftreten. Das dynamische System ist zusätzlich aufgrund kleiner Induktivsensoren an den jeweiligen Fahrzeugachsen in der Lage, selbst kleine Veränderungen durch Beschleunigungs- oder Bremsvorgänge zu erkennen und die Scheinwerfereinstellung entsprechend zu korrigieren. Anhand der Neigungsunterschiede errechnet eine zentrale Steuereinheit die neue Position der asphärischen Linsen im Scheinwerfer und passt so deren Einstellung entsprechend an.[46]
Dieser Abschnitt sollte einen kurzen Einblick in die verschiedene Scheinwerferarten geben, die mit Halogen- oder Xenon-Lampen betrieben werden können. Im weiteren Verlauf der technischen Entwicklung ist nun jedoch eine Lampenart auf dem Vormarsch, die sich einer grundlegend anderen Technologie bedient.

3.4 LED-Lampen – Die neuste Generation der Scheinwerfer

Die Leuchtdiode (kurz LED: Light Emitting Diode) stellt momentan die höchste und neuste Entwicklung im Bereich der Kraftfahrzeugbeleuchtung dar. In der Verwendung für Heckleuchten sind sie bereits etabliert und seit 2008 existieren auch die ersten Voll-LED-Frontscheinwerfer, wie sie HELLA für den Audi A8 produziert hat.[47] Die Dioden arbeiten dabei mit dem Prinzip der Elektrolumineszenz. Das bedeutet, dass ein Halbleitermaterial mit Hilfe einer elektrischen Spannung zum Leuchten angeregt wird und somit Licht aussendet.[48] Das Licht eines LED-Scheinwerfers wird mit knapp unter 6000 Grad Kelvin also nahezu

[45] Vgl. HELLA 2003b, S. 6.
[46] Vgl. HELLA 2003b, S. 6f.
[47] Vgl. HELLA 2013a [online].
[48] Vgl. MÜLLER 2004, S. 147.

tageslichtgleich angegeben.[49] Mit diesem Wert wird den Sehgewohnheiten des Menschen entsprochen, so dass ein frühes Ermüden verhindert wird.[50]

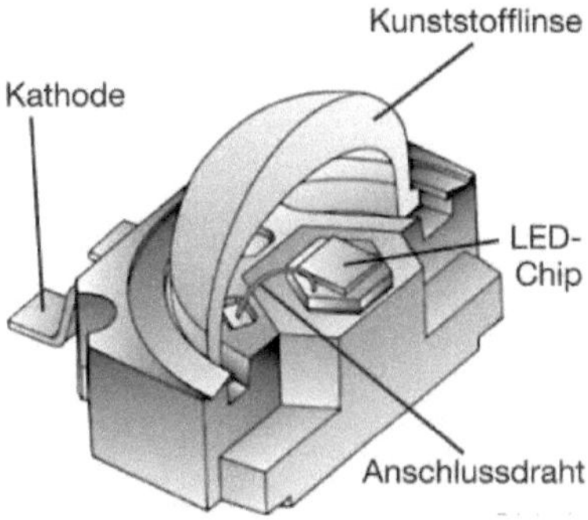

Abbildung 8 – LED-Lampe

Quelle: IPPEN 2011 [online].

In Abbildung 8 ist der typische Aufbau einer LED-Einheit zu sehen. Wird nun über den Anschlussdraht ein Strom angelegt, so entsteht monochromatisches, also einwelliges Licht.[51] Dabei wird jedoch nicht gleich rein weißes Licht produziert. Die Lichtfarbe ist vom Halbleitermaterial des LED-Chips abhängig. Weißes Licht wird zum einen durch eine Mischung aus Rot, Blau und Grün durch drei verschiedene Chips in einem Gehäuse generiert. Zum anderen, und das ist die gebräuchliche Variante im Fahrzeugbau, wird das Prinzip der Lumineszenzkonversion genutzt. Dabei entsteht das weiße Licht aus der Mischung einer Blauen LED mit einem gelben Leuchtstoff, der dem transparenten Harz beigemischt ist, das den Chip umgibt. Durch das blaue Licht wird der gelbe Leuchtstoff zur Fluoreszenz angeregt und das additive Ergebnis daraus ist weißes Licht.[52] Die Lichtausbeute eines LED-Moduls ist dabei jedoch nicht mit der einer Xenon-Gasentladungslampe zu vergleichen. Daher ist eine Vielzahl verschiedener LED-Module notwendig um das Lichtniveau des normalen Abblendlichtes zu generieren, wie in Abbildung 9 zu erkennen ist.

Trotz der guten Lichteigenschaften sind LED-Scheinwerfer, aufgrund ihrer Komplexität und den damit verbundenen hohen Kosten, derzeit ausschließlich im Premium-Sektor zu finden. Im Bereich Tagfahrlicht oder Rückleuchten-Konzipierung, sind die Dioden jedoch bereits in jedem Preissegment etabliert.[53]

---

[49] Vgl. IPPEN 2011 [online].
[50] Vgl. WIESIENGER 2013f [online].
[51] Vgl. MÜLLER 2004, S. 147.
[52] Vgl. HENTSCHEL 2002, S. 167f.
[53] Vgl. HELLA 2013b [online].

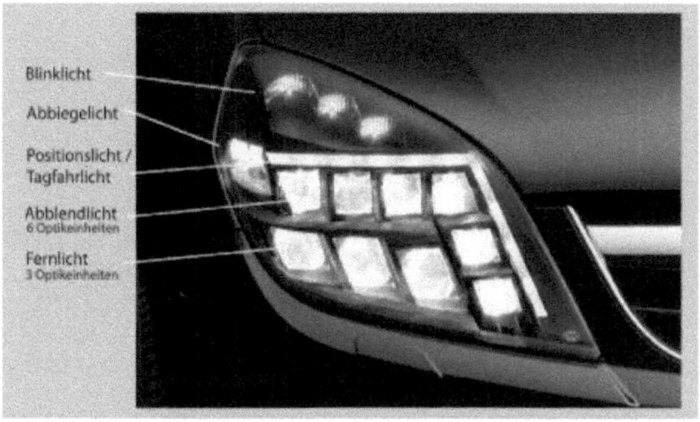

Abbildung 9 – Voll-LED-Scheinwerfer
Quelle: WIESINGER 2013f [online].

3.5 Vergleich der verschiedenen Lampenarten

Nachdem nun alle momentan vorherrschenden Lampenarten eingehend vorgestellt wurden, sollen sie nun anhand ihrer technischen Daten miteinander verglichen werden.

Eine grundlegende Unterscheidung ist bereits in der Lichtquelle zu sehen. Während bei Halogenlampen ein glühender Wolframwendel das Licht produziert, beruht die Xenon-Lampe auf dem Prinzip der Gasentladung und die LED-Lampe auf einer Licht emittierenden Diode. Diese unterschiedlichen Lichtquellen haben auch unterschiedliche Lichtfarben zur Folge, die den Charakter der einzelnen Lampe entscheidend prägen. Unter Beachtung der Tatsache, dass die Lichtfarbe der Sonne rund 5500K beträgt, zeigt sich dass die LED-Lampe das tägeslichtähnlichste Licht produziert.[54] Mit rund 6000K liegt ihr Wert beinahe doppelt so hoch, wie der der Halogenlampe mit circa 3200K, während die Xenon-Lampe sich ungefähr in der Mitte der beiden befindet.[55] Für den Fahrer bedeutet dies, wie bereits erwähnt, dass die Ermüdung später eintritt, je heller das Licht des Scheinwerfers ist. Am deutlichsten wird der Unterschied in der Lichtfarbe in Abbildung 10.

Durch den Einsatz eines LED-Scheinwerfers kann die potenzielle Gefahr durch den Traktor am Straßenrand deutlich eher erkannt und somit das Risiko einer plötzlich auftretenden Gefahrensituation verringert werden. Gleichzeitig wird der Straßenrand viel weiter ausgeleuchtet und somit auch im Bereich des Lichtkegels befindliches Wild deutlich schneller sichtbar. Neben diesen Vorteilen aus dem praktischen Einsatz, zeichnet sich die LED-Technologie auch durch ihre hohe Lebensdauer von circa 10.000 bis 20.000 Stunden

[54] Vgl. MÜLLER 2004, S. 88.
[55] Vgl. HELLA 2013b [online].

aus. Eine simple Halogenlampe muss mitunter bereits nach 300 Stunden gewechselt werden.[56] Ein weiterhin entscheidender Faktor ist die Energieersparnis.

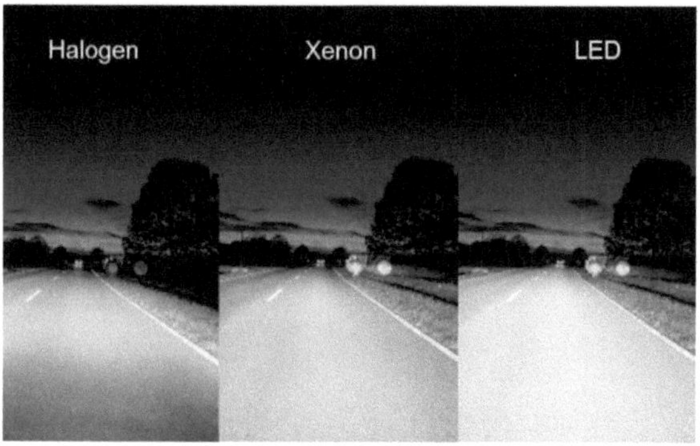

Abbildung 10 – Vergleich von Halogen-, Xenon- und LED-Scheinwerfer

Quelle: FISCHER 2013 [online].

Bereits mit Xenon-Lampen kann bis zu 25% Energie gegenüber Halogen-Lampen eingespart werden. Bei LEDs sind es aufgrund der kompakten Bauweise und der hohen Lichtausbeute sogar 40%.[57] Allerdings steht dem bei beiden Systemen ein erhöhter Anschaffungspreis gegenüber, der sich durch die Ersparnis erst amortisieren muss.

4. Lichtassistenzsysteme

Neben den Weiterentwicklungen im Bereich der Lichtquellen und der Scheinwerfertechnologie sind es vor allem Assistenzsysteme, die in den Jahren zu einer Verbesserung von Nachtfahrten gesorgt haben. Grundlage für die Innovationen war die Konzeption moderner Projektionssysteme im Bereich des Scheinwerferbaus. Eines der ersten lichtbasierten Systeme zur Fahrtunterstützung ist das dynamische Kurvenlicht. Hierbei wird mit Hilfe der beweglichen Linse im Inneren des Scheinwerfers das Kurveninnere ausgeleuchtet, wie es in Abbildung 11 zu sehen ist.

[56] Vgl. HELLA 2013b [online].
[57] Vgl. HELLA 2013b [online].

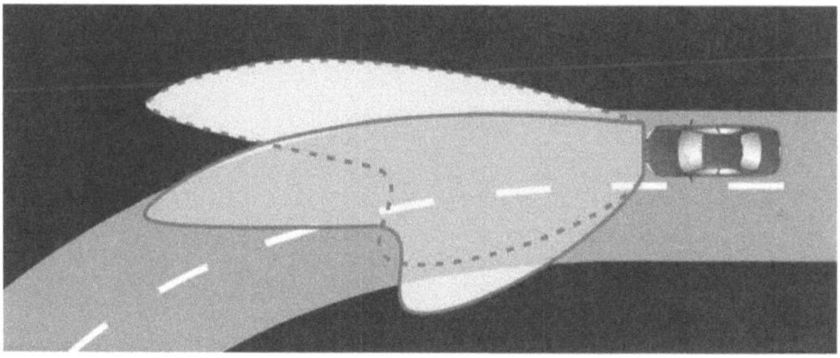

Abbildung 11 – Dynamisches Kurvenlicht

Quelle: HELLA 2013b [online].

Der Grad der Linsenstellung wird dabei anhand von Sensoren von der Geschwindigkeit und dem Lenkeinschlag abhängig gemacht und durch ein zentrales Steuersystem an die Scheinwerfer weitergegeben.[58] Dadurch wird der sichtbare Bereich bei Kurvenfahrten nahezu verdoppelt und erhöht somit die Sicherheit bei Nachtfahrten.

Im weiteren Verlauf dieses Kapitels sollen drei verschiedene Assistenzsysteme vorgestellt werden, wie sie von der Firma HELLA entwickelt wurden.

4.1 Adaptive Frontlighting System

Als erstes sei dabei das *Adaptive Frontlighting System* (kurz: AFS) als Weiterentwicklung des dynamischen Kurvenlichtes genannt. Dabei handelt es sich um ein System zur Anpassung des Abblendlichtes an die verschiedenen Situationen im Straßenverkehr. Das klassische Abblendlicht stellt dafür lediglich einen Kompromiss dar. Daher hat HELLA das AFS entwickelt, das anhand der Geschwindigkeit, des Lenkeinschlages und eines Licht- und Regensensors die passende Lichtverteilung ermittelt.[59] Entscheidend für die Umsetzung dieses Konzeptes ist das sogenannte VarioX-Modul aus dem Hause HELLA, wie es in Abbildung 12 in Rot dargestellt zu sehen ist. Dieses konturierte Modul ersetzt die Blende im klassischen Projektionsscheinwerfer und kann innerhalb von Millisekunden um die Längsachse in die gewünschte Position gedreht werden, um so die entsprechende Lichtverteilung zu erzielen.[60] Grundlegend können sechs verschiedene Lichteinstellungen unterschieden werden, wovon vier in Abbildung 13 zu sehen sind.

[58] Vgl. HELLA 2013b [online].
[59] Vgl. HELLA 2013b [online].
[60] Vgl. SKODA 2008 33.

Abbildung 12 - VarioX Modul der Firma HELLA
Quelle: HELLA 2013b [online].

Die erste Phase (1) kann als sogenannter Stadtmodus betitelt werden. Dabei wird bis zu einer Fahrgeschwindigkeit von 55 km/h eine sehr breite Ausleuchtung der Straße vorgenommen. Um den Gegenverkehr dadurch nicht zu blenden, wird die horizontale Hell-Dunkel-Grenze abgesenkt und somit auch die Leuchtweite verringert. Das dient der besseren Ausleuchtung der Fußgängerwege und Straßenränder und ermöglicht somit das frühzeitige Erkennen von Fußgänger, Radfahrern oder anderen potenziellen Gefahrenquellen.[61]

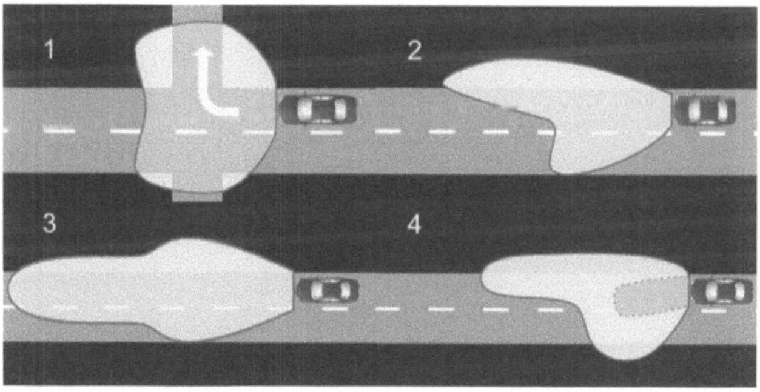

Abbildung 13 – Verschiedene Modi des AFS
Quelle: Eigene Abbildung in Anlehnung an HELLA 2013b [online].

Während der zweite Modus (2) den Geschwindigkeitsbereich von 55-100 km/h abdeckt und dem normalen Abblendlicht mit asymmetrischer Lichtverteilung entspricht, wird ab einer Geschwindigkeit über 100 km/h in den Autobahnmodus gewechselt. Hier ist die Lichtverteilung auf hohe Geschwindigkeiten und weite Kurvenradien ausgelegt.[62] Der vierte Modus (4) wird als Schlechtwetter-Modus bezeichnet. Dieser wird zugeschalten, wenn der auf Infrarot basierende Regensensor hinter dem Rückspiegel Niederschlag registriert.

[61] Vgl. HELLA 2013b [online].
[62] Vgl. HELLA 2013b [online].

Hierbei wird die horizontale Hell-Dunkel-Grenze leicht herabgesetzt, um eine Blendung durch den Niederschlag zu vermeiden. Gleichzeitig wird die Fahrbahn breiter ausgeleuchtet, um den Sichtbereich möglichst zu maximieren.[63] Der fünfte Modus ist dem normalen Fernlicht gleichzusetzen und beinhaltet keine besonderen Aspekte und der sechste ist das dynamische Kurvenlicht, was bereits vorgestellt wurde.
Somit ist das AFS in der Lage auf alle Bedingungen im Straßenverkehr der Geschwindigkeit entsprechend zu reagieren und somit die optimale Ausleuchtung für den Fahrer bereitzustellen.

4.2 Adaptive Hell-Dunkel-Grenze

Wiederum eine Weiterentwicklung des AFS ist die Adaptive Hell-Dunkel-Grenze. Hierzu wird eine Kamera an der Frontscheibe benötigt, die den vorausfahrenden Verkehr erfasst und dessen Position in Verbindung mit der Steuereinheit festgestellt. Der Scheinwerfer wird nun entsprechend so gesteuert, dass der Bereich zwischen dem eigenen und einem entgegenkommenden oder vorausfahrenden Fahrzeug optimal ausgeleuchtet wird, wie in Abbildung 14 zu sehen ist.

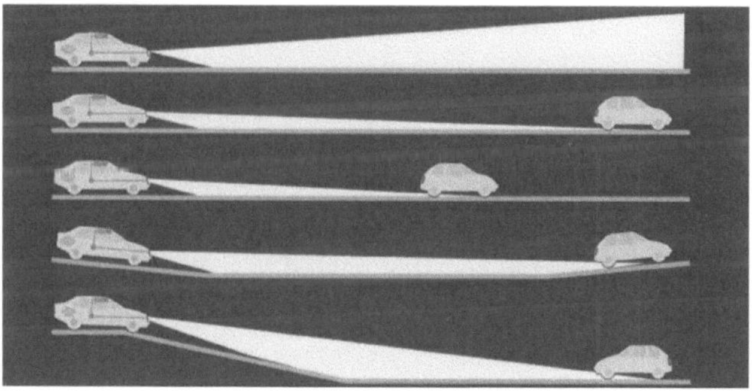

Abbildung 14 – Adaptive Hell-Dunkel-Grenze
Quelle: HELLA 2013b [online].

Die Kamera kann dabei einen Bereich von 65 bis 300m abdecken. Sollte in diesem Sichtbereich kein Fahrzeug festgestellt werden und keine weitere Lichtquelle, beispielsweise durch Straßenlaternen, vorhanden sein, schaltet das System automatisch auf Fernlicht um, wodurch eine noch bessere Ausleuchtung erzielt wird. Mit Hilfe dieses Systems wird nicht nur der eigene Sichtbereich für den Fahrer und damit die Fahrsicherheit auf seiner Seite erhöht, sondern gleichzeitig eine störende Blendung des Gegenverkehrs ausgeschlossen.[64]

[63] Vgl. HELLA 2013b [online].
[64] Vgl. HELLA 2013b [online].

4.3 Blendfreies Fernlicht

Als letztes System, das hier vorgestellt werden soll, wird das sogenannte blendfreie Fernlicht herangezogen. Mit diesem System soll es Autofahrern auch bei ungerade Streckenführung und höheren Geschwindigkeiten ermöglicht werden, das Fernlicht zu nutzen und eine Blendung des Gegenverkehrs auszuschließen. Grundlage hierfür ist wiederum das VarioX-Modul und die an der Windschutzscheibe verbaute Kamera, sowie der damit verbundenen Steuereinheit. Das System basiert auf dem Prinzip ständig mit eingeschaltetem Fernlicht zu fahren. Wird nun anderer Verkehr durch die Kamera erkannt, wird mit Hilfe des VarioX-Modul und der beweglichen Linse im Inneren des Scheinwerfers der entsprechende Bereich ausgeblendet, während der umliegende Sektor weiterhin im vollen Niveau des Fernlichts ausgeleuchtet ist, wie es auch in Abbildung 14 deutlich wird.[65]

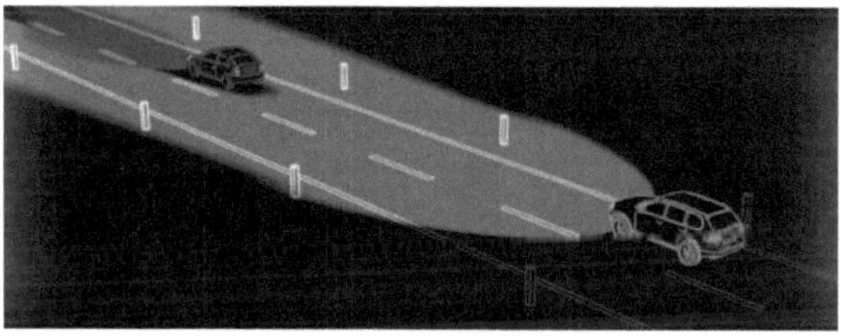

Abbildung 15 – Blendfreies Fernlicht

Quelle: HELLA 2013b [online].

Dieses System bringt entscheidende Vorteile für Fahrer mit sich, da selbst bei Gegenverkehr in engen und kurvigen Straßen eine maximale Ausleuchtung gegeben werden kann. Allerdings ist das VarioX-Modul durch vorgefertigte Schemen charakterisiert und kann somit jeweils nur eine bestimmte Stellung einnehmen. Die modernen LED-Scheinwerfer bieten dahingehend mit dem LED-Matrixlicht von Opel eine dynamische Version dieses Systems, in dem einzelnen LED-Lampen bestimmte Leuchtbereiche zugeordnet sind. Diese können nun individuell angesteuert werden und ermöglichen es somit, mehrere Verkehrsteilnehmer trennscharf auszublenden und dem Streckenverlauf entsprechend dynamisch zu folgen, während das Umfeld weiterhin im besten Fernlichtniveau ausgeleuchtet ist. Ein Beispiel für das LED-Matrixlicht ist in Abbildung 16 zu sehen.[66]

[65] Vgl. HELLA 2013b [online].
[66] Vgl. AUTO MOTOR UND SPORT 2012 [online].

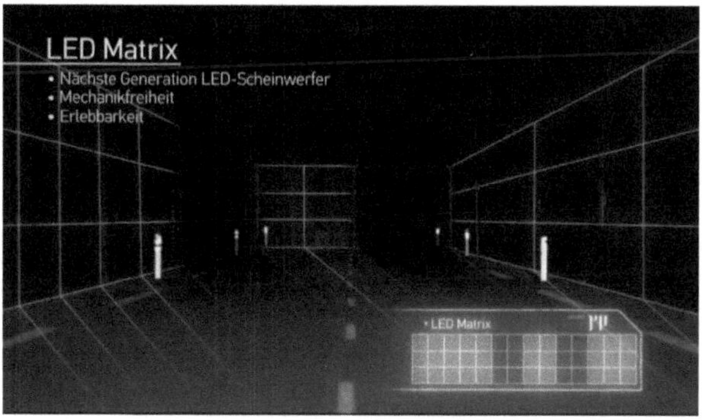

Abbildung 16 – LED-Matrixlicht
Quelle: AUTO MOTOR UND SPORT 2012 [online].

Dieser Überblick über verschiedene Lichtassistenzsysteme zeigte, dass die Entwicklung dahingehend stets weiter voranschreitet. Es gibt viele Bereiche, in denen noch Potential herrscht, wie auch das Beispiel der LED-Matrix zeigt. Allerdings muss dabei die Hürde der Serientauglichkeit genommen werden, was die Entwicklung sehr aufwendig gestaltet.

5. Fazit und Ausblick

Ziel dieser Arbeit war es, einen Überblick über die gängigen Standards in der Fahrzeugbeleuchtung zu geben und einige Assistenzsysteme vorzustellen.

Nachdem ein historischer Abriss über die Entwicklung der Fahrzeugbeleuchtung vorgenommen wurde, lag der Fokus auf den verschiedenen Lampentypen, die momentan in Deutschland vorherrschen. Damit nicht ausschließlich die Funktionsweise der Lichtquelle betrachtet wird, wurden auch die verschiedenen Scheinwerfertypen vorgestellt und somit die technische Grundlage für die Darstellung der Assistenzsysteme gegeben. Die gesamte Betrachtung offenbart die Breite, die es an Möglichkeiten im Bereich der Kraftfahrzeugbeleuchtung momentan gibt. Gleichzeitig verdeutlicht es auch den hohen Stand der Technik, der beispielsweise an der neuen LED-Technologie festgemacht werden kann. Dennoch kommt es weiterhin zu einer hohen Zahl an Unfällen, die bei Dunkelheit geschehen. Daher ergibt sich die Frage, ob die neuen Technologien nur in der Konzeptionierung eine Verbesserung der Sicherheit für den Fahrer schaffen, denn es fühlen sich noch immer 50% der Fahrer durch schlechte Sicht bei Dunkelheit gestresst.[67]

Es bleibt festzuhalten, dass es tatsächlich eine Verbesserung der Sicherheit durch neue Lichttechnologien und Assistenzsysteme gibt. Gerade die Möglichkeit die ausgeleuchtete

[67] Vgl. HELLA 2013b [online].

Fahrbahnfläche auch bei Gegenverkehr zu erhöhen, verdeutlicht das. Allerdings ist die Anschaffung dieser Systeme mit höheren Kosten verbunden, was dazu führen kann, dass viele Autofahrer auf den Kauf verzichten. Aber auch die zusätzlichen Assistenzsysteme sind mit höheren Investitionen beim Kauf eines Autos verbunden. Daher sollte das Ziel der weiteren Entwicklung dieser Technologien sein, diese für alle erschwinglich zu machen, wie es die Firma HELLA im Bereich des Xenon-Lichtes anstrebt. Nur, wenn Autos flächendeckend mit neuen Lichtsystemen ausgerüstet sind, kann die Zahl der Unfälle aufgrund mangelnder Beleuchtung zurückgehen. Um diesen Prozess zu begünstigen, besteht bereits die Möglichkeit LED-Lampen auf der Form einer Halogenlampe basierend für die Scheinwerfer nachzurüsten, ohne dabei ein neues Scheinwerfersystem zu kaufen. Dies stellt eine kostengünstige Variante für die Verbesserung der Fahrzeugbeleuchtung dar.[68]
Gleichzeitig kann jedoch auch festgehalten werden, dass die Verbesserung der Technik stetig voranschreiten wird und dabei auch immer Designaspekte bedingend eingreifen. Ziel ist es aus möglichst kleinen Bauteilen die maximale Lichtausbeute zu generieren und somit mehr Freiheiten in der Gestaltung der Scheinwerfer zu erhalten. Diese Entwicklung wird stets weiter voranschreiten und somit auch weitere Verbesserungen für die die Sicherheit und den Fahrkomfort mitbringen.
Diese Arbeit zeigt deutlich das Entwicklungspotential in der Branche der Fahrzeugbeleuchtung. In welchem Ausmaß die hier vorgestellten Technologien für jedes Automobil genutzt werden, bleibt vermutlich nur eine Frage der Zeit.

[68] Solche LED-Lampenmodule sind bereits für knapp 10 $ (7,50 €) im Internet zu erwerben. Beispielsweise unter: www.miniinthebox.com/de/h7-5w-30x-5050-smd-weisse-led-lampe-fuer-auto-scheinwerfer-nebelscheinwerfer-12v-2-pack_p480327.html [Letzter Zugriff: 24.04.2013]

Literaturverzeichnis

BRAESS, Hans-Hermann / **SEIFFERT**, Ulrich (2000): Handbuch Kraftfahrzeugtechnik, Braunschweig/Wiesbaden: Vieweg Verlagsgesellschaft.

BRIETER, Klaus. (2013): Wenn die Nacht zum Tag wird, In: Allgemeiner Deutscher Automobilclub e.V.: ADAC Motorwelt 1/2013: Die große Erleuchtung, Heft 1 Januar 2013, München, S. 40-44.

HELLA (2003a): Technische Information – Licht und Scheinwerfer, Broschüre zur technischen Information.

HELLA (2003b): Technische Information – Elektronik und Licht-Elektronik, Broschüre zur technischen Information.

HENTSCHEL, Hans-Jürgen (2002): Licht und Beleuchtung – Grundlagen und Anwendung der Lichttechnik, 5., neu bearbeitete und erweiterte Auflage, Heidelberg: Hüthig GmbH.

MÜLLER, Jens (2004): Handbuch der Lichttechnik – Formeln, Tabellen und Praxiswissen, Bergkirchen: PPVMedien GmbH.

NIENHAUS, Heinz / **THAELE**, Rolf (1998): Halogenbeleuchtungsanlagen mit Kleinspannung – Planen, Auswählen und Errichten aus beleuchtungstechnischer Sicht und nach DIN VDE 0100, Berlin/Offenbach: VDE-Verlag GmbH.

SKODA (2008): Skoda Superb II – Vorstellung des Fahrzeugs Teil II, Selbststudienprogramm zur persönlichen Weiterbildung von Kraftfahrzeugmechanikern.

Onlinequellen

AUTO MOTOR UND SPORT (2012): LED-Scheinwerfer mit Fernlichtassistent [online] Video auf Youtube.com URL: www.youtube.com/watch?v=lA4OMJfK2-8 [Letzter Zugriff: 24.04.2013].

FISCHER, Thomas (2013): Scheinwerfer [online] Homepage: Mein Autolexikon.de URL: www.mein-autolexikon.de/details/product/scheinwerfer/ [Letzter Zugriff 24.04.2013].

HELLA (2013a): Meilensteine – Es werde Licht [online] Homepage: Hella.com URL: www.hella.com/hella-com/483.html?rdeLocaleAttr=de [Letzter Zugriff: 24.04.2013].

HELLA (2013b): Lichtquellen [online] Homepage: Hella.com URL: www.hella.com/hella-com/620.html?rdeLocaleAttr=de [Letzter Zugriff: 24.04.2013].

IPPEN, Holger (2011): LED-Scheinwerfer im Technik-Check [online] Homepage: Autozeitung.de URL: www.autozeitung.de/auto-zubehoer/led-scheinwefer-im-technik-check [Letzter Zugriff: 24.04.2013].

LENNTECH (2012): Molybdän [online] Homepage: Lenntech.de URL: www.lenntech.de/pse/elemente/mo.htm [Letzter Zugriff: 24.04.2013].

LOREK, Fritz (2011): Blaues Licht und blaue Wunder – Hochleistung aus guten Scheinwerfern schafft Sicht und Sicherheit [online] Homepage: DaimlerBlog URL: blog.daumler.de/2011/09/19/blaues-licht-und-blaue-wunder/ [Letzter Zugriff: 24.04.2013].

WIESINGER, Johannes (2013a): Das Xenon-Licht [online] Homepage: KfZtech.de URL: www.kfztech.de/kfztechnik/elo/licht/xenon.htm [Letzter Zugriff 24.04.2013].

WIESINGER, Johannes (2013b): Paraboloid-Scheinwerfer [online] Homepage: KfZtech.de URL: www.kfztech.de/kfztechnik/elo/licht/parabol.htm [Letzter Zugriff 24.04.2013].

WIESINGER, Johannes (2013c): Frei Flächen Scheinwerfer (FF) [online] Homepage: KfZtech.de URL: www.kfztech.de/kfztechnik/elo/licht/freiflaeche.htm [Letzter Zugriff 24.04.2013].

WIESINGER, Johannes (2013d): Ellipsoid (DE) Scheinwerfer [online] Homepage: KfZtech.de URL: www.kfztech.de/kfztechnik/elo/licht/ellipsoid.htm [Letzter Zugriff 24.04.2013].

WIESINGER, Johannes (2013e): Super DE (kombiniert mit FF) [online] Homepage: KfZtech.de URL: www.kfztech.de/kfztechnik/elo/licht/super-de.htm [Letzter Zugriff 24.04.2013].

WIESINGER, Johannes (2013f): Die Leuchtdiode im Automobil [online] Homepage: KfZtech.de URL: www.kfztech.de/kfztechnik/elo/licht/Licht-LED.htm [Letzter Zugriff 24.04.2013].